FORSCHUNGSBERICHTE DES LANDES NORDRHEIN-WESTFALEN

Nr. 1099

Herausgegeben
im Auftrage des Ministerpräsidenten Dr. Franz Meyers
von Staatssekretär Professor Dr. h. c. Dr. E. h. Leo Brandt

DK 662.766
66.074.65

Dr. phil. habil. Paul Hölemann

Ing. Rolf Hasselmann

Forschungsstelle für Acetylen, Dortmund

Über die Reaktion von Acetylen mit den Bestandteilen von Trockenreinigungsmassen

WESTDEUTSCHER VERLAG · KÖLN UND OPLADEN 1962

ISBN 978-3-663-03945-7   ISBN 978-3-663-05134-3 (eBook)
DOI 10.1007/978-3-663-05134-3

Verlags-Nr. 011099

Gesamtherstellung: Westdeutscher Verlag

Inhalt

I. Einleitung 7

II. Bericht 9

  1. Experimentelles 9

  2. Ergebnisse der Messungen 11

    a) Untersuchung des Reaktionsablaufes durch Druckmessung 11

    b) Umsatzversuche mit strömendem Acetylen 20

    c) Einfluß der Reaktion auf die technischen Bedingungen bei der Reinigung
       von Acetylen mit chromschwefelsäurehaltigen Massen 21

III. Zusammenfassung 26

I. Einleitung

Das aus Karbid entwickelte Acetylen enthält nicht unbeträchtliche Mengen an Phosphor- und Schwefelverbindungen, die z. T. als Phosphor- und Schwefelwasserstoff vorliegen. Zur Befreiung des Gases von diesen störenden Verbindungen ist es im allgemeinen üblich, das Acetylen vor der weiteren Verarbeitung zu reinigen. Zur Reinigung stehen verschiedene Verfahren zur Verfügung, von denen eines der gebräuchlichsten darin besteht, daß das Acetylen durch mit Chromschwefelsäure versetzte Massen hindurchgeleitet wird. Als Aufsaugmaterial wird dabei hauptsächlich Kieselgur verwendet.

Bei der Reinigung des Acetylens durch Chromschwefelsäure ergibt sich die Frage, inwieweit das Gas selber mit der Reinigungsmasse zu reagieren vermag. Wenn auch diese Reaktion unter normalen Umständen nur geringfügig ist, so bedingt sie doch einen höheren Verbrauch an Reinigungsmasse und läßt unter Umständen auf der anderen Seite durch die Oxydation des Acetylens störende Produkte entstehen.

Außerdem besteht die Gefahr, daß beim Einsetzen einer Reaktion, die mit einer erheblichen Wärmeentwicklung verbunden ist, diese sich weiter steigert, so daß es schließlich zu einer sehr starken Erhitzung der Reiniger kommt. Derartige Fälle sind mehrmals in Acetylenwerken beobachtet worden. Es ist daher zu fragen, unter welchen Bedingungen mit Sicherheit noch nicht mit dem Einsetzen einer Reaktion des Acetylens in der Reinigermasse zu rechnen ist.

Dabei ist in erster Linie zu klären, welche Reaktion überhaupt bei der Oxydation des Acetylens durch Chromschwefelsäure stattfindet. Weiter ist die Abhängigkeit der Reaktionsgeschwindigkeit von den Konzentrationen der Säure und von der Temperatur zu untersuchen.

Zur Bearbeitung dieser Probleme wurden zwei verschiedene Versuchsserien durchgeführt. In der ersten Serie wurde zu einer bestimmten Menge Chromschwefelsäure, die sich in einem Kolben befand, Acetylen zugegeben und das Fortschreiten der Reaktion durch die laufend beobachtete Druckveränderung gemessen. Nach Beendigung des Vorganges wurde der Umsatz an Chromschwefelsäure ermittelt. Bei einer zweiten Versuchsreihe wurde durch eine bestimmte Menge vorgelegter Chromschwefelsäure ein Gasstrom an Acetylen durchgegeben und der dabei stattfindende Umsatz der Chromschwefelsäure durch Titration festgestellt.

Schließlich wurde an zwei verschiedenen Proben von Reinigungsmasse in derselben Apparatur, wie sie für die erste Versuchsserie verwendet worden war, ebenfalls die Reaktion beobachtet. Um die nötige Geschwindigkeit des Reaktionsablaufes zu erreichen, mußten bei den normal angewandten Säurekonzentrationen Temperaturen von mindestens 30°C eingehalten werden. Weitere Versuche wurden bei 50 bzw. 70°C durchgeführt. Als Versuchsdruck wurde 1 Atm gewählt, da dieser Druck praktisch immer unter den technischen Bedingungen vorliegt.

II. Bericht

1. Experimentelles

Für die Versuche der ersten Serie wurde die in Abb. 1 schematisch dargestellte Apparatur gewählt. In dem Kolben K, der in einem Wasserbad W auf konstanter Temperatur gehalten wurde, befanden sich $50\ cm^3$ der zu prüfenden Chromschwefelsäure. Die Chromschwefelsäure wurde mit Hilfe eines Magnetrührers gleichmäßig durchgerührt. Nach Einstellen des Temperaturgleichgewichtes wurden der Kolben und die Apparatur evakuiert und dann schnell über das Überdruckgefäß G mit Acetylen bis auf 1 Atm aufgefüllt.

Die Versuchsdauer betrug in der Regel zwei Stunden. Am Hg-Manometer U wurde in bestimmten Zeitabständen die Druckänderung abgelesen. Aus dem Druck am Ende des Versuches, dem Volumen der Apparatur und der Versuchstemperatur wurde die Menge an Endgas berechnet.

Vom Endgas wurde über den Hahn H_3 eine Gasprobe entnommen. Das Gas enthielt neben dem nicht umgesetzten Acetylen und geringeren Mengen an Essigsäuredampf erhebliche Mengen an Kohlendioxyd. Zu ihrer Bestimmung wurde eine gemessene Gasmenge in einer vorgelegten Menge n/10 NaOH aufgefangen und darin die Gesamtsäure im Gas quantitativ nach WINKLER titriert. Anschließend wurde das ausgefällte Natriumkarbonat abfiltriert, geglüht und gewogen. Die Differenz der beiden erhaltenen Werte ergibt die im Gas dampfförmig vorhandene Essigsäure.

In der Chromschwefelsäure wurde vor Beginn und am Ende des Versuches das vorhandene Natriumbichromat durch Titration bestimmt. Weiterhin wurde die freie Säure gegen Methylorange titriert und auf H_2SO_4 berechnet. Die für die Titration verwendeten Chromschwefelsäuremengen wurden gewichtsmäßig erfaßt.

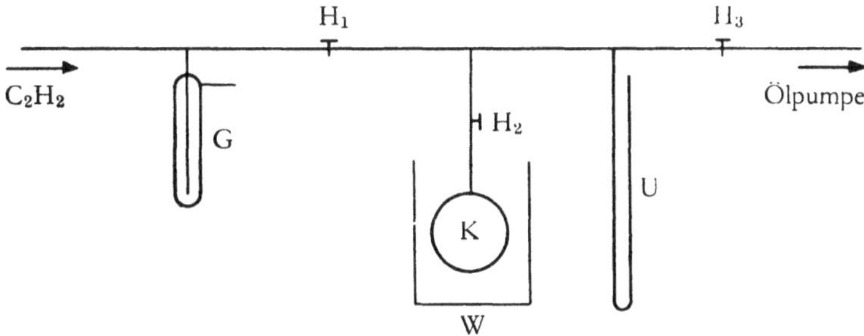

Abb. 1 Schema der Versuchsapparatur
G = Überdruckgefäß   U = Hg-Manometer
K = Reaktionskolben H_{1-3} = Glashähne
W = Wasserbad

In der gleichen Versuchsanordnung wurden auch die Proben von zwei Reinigungsmassen auf ihr Verhalten gegenüber Acetylen geprüft. Dazu wurde in den Kolben K 50 g Masse eingefüllt und nach dem Evakuieren das Acetylen zugeführt. In der Masse wurde vor und nach dem Versuch durch Auswaschen die vorhandene Säure sowie das Chromat festgelegt.

Die Zusammensetzung der Massen ist aus Tab. 1 zu ersehen. Die Masse I war einem Reiniger entnommen, der im Betrieb bei der Aufgabe von Acetylen heiß wurde, während Masse II sich normal verhielt. Die wahre Dichte der Masse betrug bei 25°C 2,02 g/ml.

Tab. 1 Zusammensetzung der verwendeten Massen in Gew.-%

	Masse I	Masse II
Kieselgur	47,21	43,58
$Na_2Cr_2O_7$	15,99	11,89
$Cr_2(SO_4)_3$	–	3,64
H_2SO_4	13,30	12,97
Na_2SO_4	3,33	0,48
H_2O	20,17	27,44

In analoger Weise wurden die Versuche an Chromschwefelsäure bei strömendem Gas durchgeführt. Dazu wurde durch 50 cm³ der Probelösung, die sich in einer Frittenwaschflasche auf konstanter Temperatur befand, Acetylen in gleichmäßigem Strom hindurchgeleitet und nach bestimmten Zeitabschnitten der Umsatz an Chromat durch Titration einer der Lösung entnommenen Probe gefunden. Die Strömungsgeschwindigkeit des Gases wurde mit Hilfe eines geeichten Strömungsmessers gemessen.

Bei diesen Versuchen wurden weiter der Chromschwefelsäure Zusätze anderer Stoffe, wie z. B. von Chromisalzen, Ferrisalzen und Essigsäure, zugefügt, um einen eventuellen Einfluß derartiger Stoffe auf den Oxydationsprozeß des Acetylens erkennen zu können.

In diesen Versuchsreihen ergab sich die Schwierigkeit, daß das Gas bestimmte Mengen an Wasserdampf und Essigsäure mit sich fortführte, so daß auch ohne Stattfinden einer Reaktion eine Konzentrationsänderung, und zwar eine Erhöhung zu beobachten war. Außerdem konnte bei diesen Versuchen das gebildete Kohlendioxyd nicht erfaßt werden.

Um einen nicht zu großen relativen Fehler bei den Analysen zu erhalten, wurden die Versuche der ersten Serie in der Hauptsache bei 50°C durchgeführt. Nur eine kleine Zahl von Versuchen bei einer Temperatur von 70°C und entsprechend niedrigeren Konzentrationen sowie bei 30°C und höherer Säurekonzentration sollte die Möglichkeit ergeben, den Temperatureinfluß abschätzen zu können.

Zum Ansetzen der Chromschwefelsäurelösungen wurde konzentrierte Schwefelsäure p. a. sowie $Na_2Cr_2O_7 \cdot H_2O$ p. a. verwendet. Da das letztere in seinem Wassergehalt nicht ganz definiert war, ließen sich die verschiedenen Versuchsansätze nur angenähert auf die jeweils gewünschten Konzentrationen einstellen.

Mit zunehmender Säurekonzentration nimmt die Löslichkeit des gebildeten CrO_3 in der Säure stark ab, so daß die maximale $Na_2Cr_2O_7$-Menge in diesen Fällen entsprechend niedriger gehalten werden mußte.

2. Ergebnisse der Messungen

a) Untersuchung des Reaktionsverlaufes durch Druckmessung

In der Abb. 2 ist der typische Druckverlauf während eines Versuches mit Chromschwefelsäure (I) und mit Masse (II) als Funktion der Zeit dargestellt. Dabei ist als Ordinate die Differenz zwischen dem jeweils abgelesenen Druck und dem Ausgangsdruck aufgetragen. Wie die Abbildung zeigt, durchläuft der Druck im ersteren Fall ein Minimum, um dann über längere Zeit praktisch geradlinig zuzunehmen und erst zum Schluß eine langsamere Zunahme aufzuweisen. An der Masse ergibt sich dagegen sofort ein recht steiler Druckanstieg. Das Ansteigen des Druckes zeigt, daß bei der Oxydation des Acetylens außer der Essigsäure, die leicht schon durch den Geruch festzustellen ist, noch gasförmige Oxydationsprodukte auftreten. Als wesentliches kommt Kohlendioxyd in Frage.
Zur Prüfung der Frage, ob das CO_2 durch eine Weiteroxydation der Essigsäure entstanden sein könnte, wurde bei 50°C zu einer Chromschwefelsäurelösung

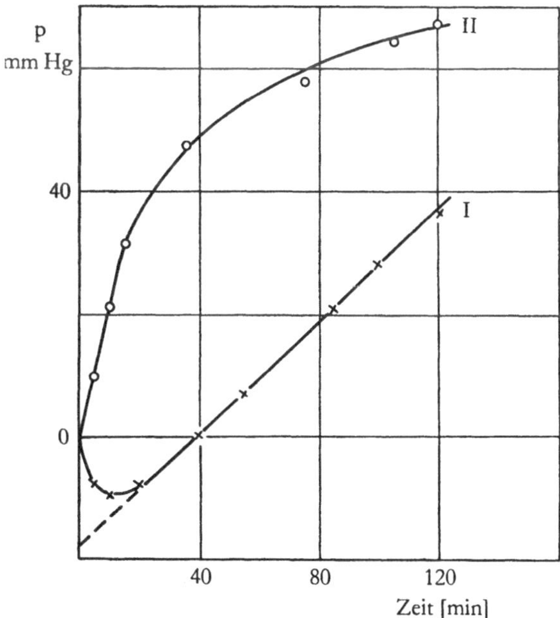

Abb. 2 Druckverlauf während der Oxydation des Acetylens (t = 50°C)
  I. Versuch 64, Chromschwefelsäure
  II. Versuch 69, Reinigungsmasse I

Essigsäure zugefügt. Es ergab sich weder ein Chromatverbrauch noch eine merkbare Bildung von CO_2. Das letztere muß also auf einem unabhängigen Wege aus dem Acetylen oder irgendwelchen Zwischenprodukten gebildet werden.

Die anfängliche Druckabnahme in der Lösung kann auf verschiedene Ursachen zurückzuführen sein. Sie kann zunächst durch die Löslichkeit des Acetylens in der Chromschwefelsäure bedingt werden. Ein Versuch mit reiner 50%iger Schwefelsäure und Acetylen zeigte, daß bei einer Temperatur von 50°C der Druck über längere Zeit vollkommen konstant blieb. Die Löslichkeit des Acetylens in der Schwefelsäure kann demnach nur innerhalb der Fehlergrenzen liegen und ist zu gering, um den Effekt erklären zu können.

Eine Verlangsamung des Druckanstieges kann weiter dadurch zustande kommen, daß das bei der Reaktion entstehende CO_2 in der Säure merkbar löslich ist. Versuche bei 50°C über die Löslichkeit von CO_2 ergaben bei 50%iger Säure ebenfalls nur eine verhältnismäßig geringe Löslichkeit dieses Gases, während sie in 30%iger Säure in der Größenordnung des beobachteten Druckminimums liegt.

Zur Erklärung des Minimums ist demnach anzunehmen, daß entweder eine sehr bemerkenswerte Übersättigung der Flüssigkeit an Kohlendioxyd stattfinden muß, bevor es zur Gasabgabe kommt, oder daß die Bildung des CO_2 über Zwischenprodukte erfolgt, die erst nach einer gewissen Anreicherung bis zur Endstufe oxydiert werden. Der sofort einsetzende starke Druckanstieg bei den Versuchen mit Masse deutet darauf hin, daß wahrscheinlich die Übersättigung eine erhebliche Rolle spielt.

Das Auftreten von Gasblasen wurde in keinem Falle beobachtet und ist bei dem langsamen Verlauf der Reaktion auch nicht zu erwarten. Die Gasabgabe erfolgt lediglich an der freien Oberfläche der Säure.

Der Zeitpunkt, in dem, vom Beginn des Gaseinlassens an gerechnet, das Minimum erreicht wird, sowie der minimal gemessene Druck unterliegen erheblichen Schwankungen. Besonders kurze Zeiten wurden bei den höchsten Schwefelsäurekonzentrationen beobachtet. Erniedrigung der Schwefelsäurekonzentration verlangsamt das Erreichen des Minimums. Das läßt sich durch die Erhöhung der Löslichkeit des CO_2 bei Erniedrigung der Säurekonzentration erklären.

Wird der geradlinige Anstieg der Druckkurve auf den Versuchsbeginn extrapoliert, so ergeben sich Unterdrucke p_0, die ein Maß für die Anreicherung des CO_2 in der Säure bzw. für die Hemmung der Kohlensäureabgabe darstellen. Diese Unterdrucke sind nicht merkbar von den Konzentrationen der Chromschwefelsäure abhängig, dagegen scheint sich eine geringe Temperaturabhängigkeit in dem Sinne zu ergeben, daß mit steigender Temperatur der Unterdruck sinkt.

In der Tab. 2 sind die kennzeichnenden Daten für die Druckkurven der verschiedenen Messungen an den Lösungen zusammengefaßt. Dabei sind außer den Konzentrationen der Lösung an H_2SO_4 (c_1) und $Na_2Cr_2O_7$ (c_2) in g/g Lösung der extrapolierte Druck p_0 und der Druckanstieg $v = \Delta p/\Delta z$ im linearen Teil der Druckkurve aufgeführt. Diese Werte zeigen wieder erhebliche Schwankungen. Diese deuten darauf hin, daß neben den Säurekonzentrationen auch noch die

12

Geschwindigkeit der Gasabgabe aus der Säure für die Größe von v maßgebend ist. Dabei kann die letztere infolge einer Änderung der Oberflächenspannung und ähnlicher Effekte stark von geringfügigen Verunreinigungen der Chromschwefelsäure beeinflußt werden.

Tab. 2   Ergebnisse der Druckverlaufmessungen an Chromschwefelsäurelösungen

Versuchs-Nr.	Konzentration (g/g Lösung)		p_0	$\Delta p/\Delta z$
	H_2SO_4 (c_1)	$Na_2Cr_2O_7$ (c_2)	mm Hg	mm Hg/min
Temperatur 30° C				
68	0,190	0,354	— 31	0,07
61	0,384	0,275	— 33	0,89
62	0,408	0,148	— 35	
58	0,499	0,111	— 46	1,16
59	0,517	0,058	— 43	0,66
Temperatur 50° C				
65	0,189	0,352	— 29	0,18
49	0,277	0,418	— 32	1,02
54	0,279	0,422	— 34	0,95
63	0,288	0,341	— 35	1,12
64	0,288	0,341	— 34	0,90
47	0,299	0,358	— 28	1,28
52	0,292	0,357	— 36	1,02
48	0,324	0,248	— 35	0,64
55	0,321	0,245	— 39	0,69
57	0,318	0,248	— 37	0,72
50	0,371	0,276	— 32	1,70
51	0,410	0,149	— 37	1,21
53	0,509	0,112	— 30	2,21
56	0,521	0,059	— 43	1,64
60	0,537	0,031	— 35	1,08
Temperatur 70° C				
66	0,189	0,350	— 23	0,64

Eine grobe Betrachtung der Zahlen zeigt, daß der Druckanstieg besonders stark durch steigende Schwefelsäurekonzentrationen beeinflußt wird, während sich die Bichromatkonzentration nur in geringerem Maße bemerkbar macht. In der Abb. 3 ist der Druckgradient für die Versuche 53, 56 und 60 als Funktion von $\sqrt{c_2}$ aufgetragen. Vernachlässigt man die verhältnismäßig geringe Konzentrationsänderung der Schwefelsäure bei diesen Versuchen, so zeigt die Abbildung, daß die Druckzunahme wenigstens bei höherer Schwefelsäurekonzentration nahezu proportional $\sqrt{c_2}$ verläuft.

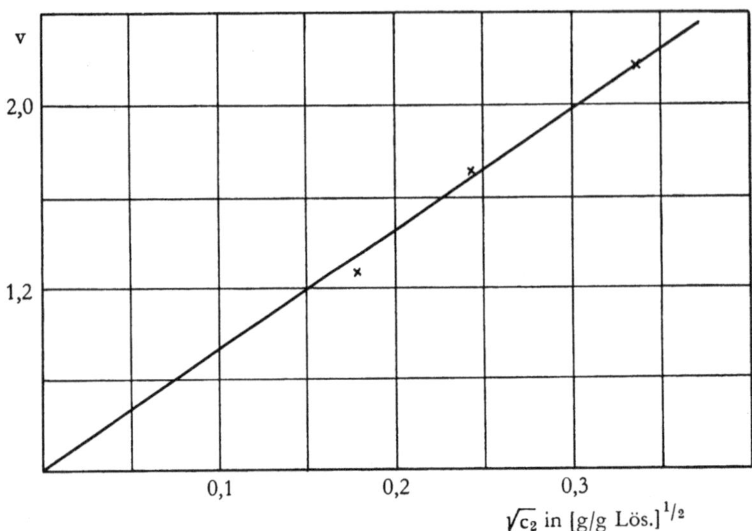

Abb. 3   Abhängigkeit des Druckanstieges von der Bichromatkonzentration
(t = 50°C, c_1 = 0,52 g H_2SO_4/g Lösung)

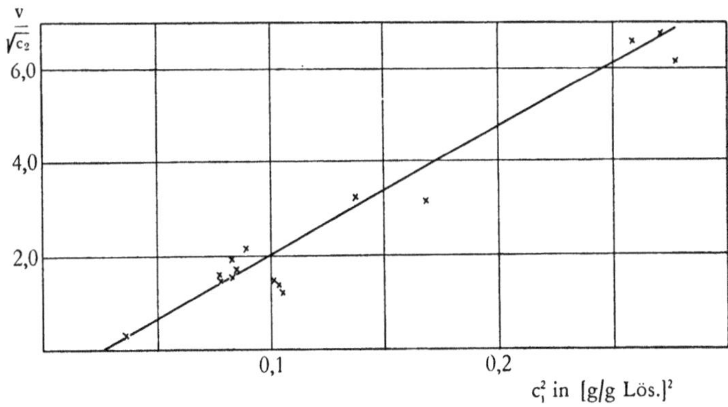

Abb. 4   Abhängigkeit des Druckanstieges von der Schwefelsäurekonzentration
(t = 50°C)

In analoger Weise wurde in Abb. 4 $v/\sqrt{c_2}$ für alle Versuche bei 50°C als Funktion
von $c_1{}^2$ aufgetragen. Die Abbildung läßt erkennen, daß dieser Quotient näherungsweise linear vom Quadrat der Schwefelsäurekonzentration abhängig ist, wobei
die Gerade für $c_1{}^2$ = 0,027 die Abszisse schneidet. Eine erhebliche Abweichung
von der gezeichneten Geraden weist die Versuchsgruppe 48, 55 und 57 auf.
Insgesamt läßt sich demnach, wenn auch nur in grober Näherung, die Geschwindigkeit der Druckzunahme während des linearen Teiles durch eine Gleichung
von der Form

$$v_{50} = \Delta p/\Delta z = 27,8 \, (c_1{}^2 - 0,027) \, \sqrt{c_2} \qquad (1)$$

wiedergeben, wobei v in Torr/min zu messen ist. Infolge der Versuchsfehler sind die Koeffizienten der Gleichung verhältnismäßig unsicher. Bei Gültigkeit der Gleichung würde sich demnach ergeben, daß für Schwefelsäurekonzentrationen unter 0,165 g H_2SO_4/g Lösung bei 50°C keine Umsetzung mehr zu erwarten ist.

In analoger Weise kann für 30°C eine entsprechende Gleichung von der Form

$$v_{30} = 15,0\,(c_1{}^2 - 0,027)\,\sqrt{c_2} \tag{2}$$

aufgestellt werden, die die Meßwerte innerhalb der naturgemäß bei dieser Temperatur noch größeren Fehlergrenzen wiedergibt. Eine zusätzliche Unsicherheit ergibt sich durch die nur geringe Zahl an Meßpunkten.

Wie ein Vergleich der Versuche 53 und 58 bzw. 50 und 61 ergibt, steigt die Geschwindigkeit der Druckzunahme von 30°C auf 50°C fast auf das Doppelte an. Noch beträchtlich stärker wirkt sich der Übergang von 50°C auf 70°C aus.

Die beobachteten Druckzunahmen sind natürlich noch von verschiedenen weiteren Versuchsbedingungen abhängig. Darunter fallen vor allem das Flüssigkeitsvolumen, das bei den beschriebenen Versuchen immer 50 ml betrug, das Gasvolumen, die Rührgeschwindigkeit und die Flüssigkeitsoberfläche. Diese Faktoren müssen den Zahlenfaktor in Gl. (1) und (2) beeinflussen. Der Einfluß der beiden letzten Faktoren dürfte allerdings bei den gewählten Bedingungen nicht mehr wesentlich sein, wie Versuche mit besonders hoher Rührgeschwindigkeit zeigten.

Die anfängliche Druckzunahme ist bei den Versuchen an der Reinigungsmasse I mindestens siebenmal so groß, an der Masse II noch ca. dreimal so groß wie die an den Lösungen gleicher Konzentration beobachtete, wie ein Vergleich der Werte aus Tab. 3 mit denen aus Gl. (1) und (2) berechneten zeigt.

Daß in diesem Falle kein Minimum beobachtet wird, ist wahrscheinlich durch die außerordentlich große spezifische Oberfläche der in der Kieselgur aufgesaugten Chromschwefelsäurelösung zu erklären. Diese große Oberfläche bedingt auch den wesentlich steileren anfänglichen Druckanstieg als bei den Lösungen.

Tab. 3   Ergebnisse der Druckverlaufmessungen an Reinigungsmassen

Versuchs-Nr.	Konzentration (g/g Lösung)*		Temperatur °C	$\Delta p/\Delta z$ mm Hg/min
	c_1	c_2		
		Masse I		
73	0,252	0,303	20	0,6
70	0,252	0,303	30	1,9
69	0,252	0,303	50	4,1
		Masse II		
71	0,226	0,211	30	0,6
72	0,226	0,211	50	0,75

* Die Konzentration bezieht sich nur auf die in der Kieselgur aufgesaugte Lösung.

Der anomal steile Anstieg kann außerdem damit zusammenhängen, daß die Temperatur im Innern der Masse infolge der sehr schlechten Wärmeleitung bei der Umsetzung ansteigt.

Während bei den Lösungen ein Abflachen des zunächst linearen Anstieges erst nach längerer Zeit (100 min) zu bemerken war und nur bei den Lösungen mit hohem Umsatz auftrat, wurde der Druckanstieg an den Massen schon nach verhältnismäßig kurzer Zeit (nach ca. 20 min) sehr deutlich geringer.

Das Abflachen bei den Lösungsversuchen, das besonders bei den Versuchen 58, 59, 53, 56 und 60 und in geringem Maß bei den Versuchen 61, 50 und 51 in Erscheinung trat, war offensichtlich durch die schon stärker fortgeschrittene Reaktion bedingt. Dadurch war sowohl die Konzentration der Lösung an Bichromat als auch die Acetylenkonzentration im Gas entsprechend zurückgegangen. Darüber hinaus war mit einer merklichen Verdünnung der Schwefelsäure durch das bei der Reaktion gebildete Wasser zu rechnen.

Die gleichen Effekte machten sich natürlich auch bei den Versuchen mit Reinigungsmasse bemerkbar, und zwar in um so stärkeren Maße, als die absolute Menge an eingebrachter Säure in diesem Fall geringer war und auf der anderen Seite der Umsatz infolge der großen Oberfläche höher lag. Das abnorm starke Abflachen macht es aber wahrscheinlich, daß nach der anfänglich intensiven Reaktion eine zusätzliche Verlangsamung eintritt, weil die Oberfläche der aufgesaugten Flüssigkeit verbraucht ist und die Nachlieferung neuer Säure aus den inneren Poren der Masse nur sehr langsam vor sich geht.

Gleichzeitig kommt es zu einer starken Anreicherung von Kohlendioxyd in den Poren der Massen, die die Konzentration des Acetylens entsprechend herabsetzt. Bei einem laufenden Durchspülen der Masse mit frischem Gas wird sich dieser Effekt naturgemäß nur in wesentlich geringerem Maß auswirken können.

In der Tab. 4 sind die beobachteten Umsatzzahlen für die Versuche an den Lösungen wiedergegeben. Dabei sind die eingebrachten und die umgesetzten Bichromatmengen in Spalte 4 und 5 eingetragen. Außerdem ist die im Gasraum durch Titration bestimmte Gesamtsäure (berechnet als CO_2) sowie das tatsächlich gefundene CO_2 angeführt. Die Zahlenwerte gelten für eine zweistündige Reaktionsdauer bei einem Anfangsdruck des Acetylens von 1 Atm.

Die Oxydation des Acetylens zu Essigsäure bzw. Kohlendioxyd durch saure Bichromatlösung geht nach den Gl. (3) und (4) vor sich:

$$3\,C_2H_2 + Na_2Cr_2O_7 + 4\,H_2SO_4 =$$
$$3\,CH_3COOH + Na_2SO_4 + Cr_2(SO_4)_3 + H_2O \qquad (3)$$

$$3\,C_2H_2 + 5\,Na_2Cr_2O_7 + 20\,H_2SO_4 =$$
$$6\,CO_2 + 5\,Na_2SO_4 + 5\,Cr_2(SO_4)_3 + 23\,H_2O \qquad (4)$$

Vergleicht man die umgesetzten Mengen an Bichromat mit den analytisch erfaßten Mengen an Essigsäure und CO_2, so liegen die letzteren in den Versuchen sowohl bei 30° C als auch bei 50° C und hohen H_2SO_4 — aber niedrigen Bichromatkonzentrationen wesentlich niedriger, als zu erwarten wäre. Das bedeutet

Tab. 4 Umsatzwerte in Bichromatlösungen

Versuchs-Nr.	Konzentrationen (γ/ml)		$Na_2Cr_2O_7$ (g)		Gesamtsäure im Gas [g]	CO_2 im Gas [g]
	H_2SO_4	$Na_2Cr_2O_7$	eingebracht	umgesetzt		
			Temperatur 30°C			
68	0,285	0,530	26,71	–	–	–
61	0,610	0,437	21,92	2,23	0,276	0,214
62	0,600	0,218	10,93	0,93	0,189	0,190
58	0,747	0,166	8,32	2,38	0,324	0,241
59	0,754	0,084	4,24	1,58	0,200	0,127
			Temperatur 50°C			
65	0,283	0,527	26,58	0,42	0,072	–
49	0,475	0,727	36,85	1,29	0,284	0,287
54	0,476	0,721	36,22	1,07	0,281	0,226
63	0,456	0,538	27,06	1,73	0,282	0,195
64	0,456	0,538	27,55	1,83	0,257	0,166
47	0,490	0,586	29,52	1,57	0,320	0,226
52	0,473	0,578	29,07	1,56	0,260	0,213
48	0,484	0,370	18,54	1,18	0,211	0,137
55	0,484	0,369	18,39	1,58	0,210	0,124
57	0,477	0,372	18,48	1,34	0,216	0,145
50	0,596	0,444	22,26	2,83	0,413	0,333
51	0,604	0,219	11,01	1,57	0,325	0,272
53	0,766	0,168	8,44	2,96	0,484	0,438
56	0,757	0,085	4,28	2,38	0,363	0,286
60	0,777	0,045	2,28	1,07	0,267	0,197
			Temperatur 70°C			
66	0,295	0,528	26,53	0,70	0,170	0,105

aber, daß besonders unter diesen Bedingungen nur ein Teil der Oxydationsprodukte im Gasraum erfaßt wird.

Die Zahlen zeigen weiter, daß der Anteil an CO_2 unter den Oxydationsprodukten mit wachsender Bichromatkonzentration zunimmt, während kein wesentlicher Einfluß der H_2SO_4-Konzentration zu erkennen ist.

In der Abb. 5 ist der Bichromatumsatz als Funktion der anfänglichen Bichromatkonzentration in der Lösung dargestellt.

Dabei sind jeweils die Punkte für gleiche Temperaturen und mit näherungsweise gleicher Schwefelsäurekonzentration durch die eingetragenen Kurven miteinander verbunden.

Die Ergebnisse zeigen, daß der Bichromatumsatz nach zwei Stunden wenigstens bei kleineren Konzentrationen linear von dieser Konzentration abhängt, wobei die Geraden innerhalb der Fehlergrenzen durch den Nullpunkt gehen. In der verschiedenen Abhängigkeit des Bichromatumsatzes sowie des Druckanstieges v von der Konzentration c_2 kommt vor allem der zunehmende Anteil der CO_2-Bildung mit wachsender Bichromatkonzentration zum Ausdruck.

Mit zunehmender Bichromatkonzentration wird der Umsatz offensichtlich geringer und durchläuft scheinbar sogar ein Maximum, wie die Kurve für eine Schwefelsäurekonzentration von 0,3 g H_2SO_4/g Lösung bei 50°C zeigt. Das Abflachen der Kurve für $c_1 = 0,52$ läßt sich durch den schon sehr weit fortgeschrittenen Bichromatumsatz erklären. Eine solche Deutung ist aber für das Auftreten eines Maximums für $c_1 = 0,30$ nicht möglich, da der nach zwei Stunden umgesetzte Anteil an Bichromat erst bei 5% liegt. Wesentlich stärker könnte sich dagegen die zunehmende Verdünnung der Schwefelsäure auswirken.

Beim Übergang von 30°C auf 50°C ergibt sich näherungsweise eine Steigerung des Umsatzes von ca. 30%. Der Übergang von 50°C auf 70°C bewirkt eine Umsatzsteigerung von ca. 65%. Die Zunahme des Gesamtumsatzes ist demnach nicht so stark von der Temperatur abhängig wie die CO_2-Bildung.

Die Neigung der Geraden für 50°C in Abb. 5 ist in Abhängigkeit von der Säurekonzentration in der Abb. 6 wiedergegeben. Diese Abbildung ergibt, daß mit zunehmender Säurekonzentration auch eine Erhöhung der Neigung festzustellen ist. Diese Steigerung macht sich besonders stark in einem Konzentrationsbereich der Säure über 0,4 g/g Lösung bemerkbar.

In der Tab. 5 sind die entsprechenden Umsatzzahlen für die Versuche an den Reinigungsmassen zusammengefaßt. Auch hierbei ergibt sich für die Masse I wieder eine deutliche Erhöhung des absoluten Umsatzes im Vergleich zu den Werten, die an den Lösungen gefunden wurden. Das steht in Parallele zu dem stärkeren Druckanstieg bei diesen Massen.

Wie ein Vergleich der Umsatzzahlen für Masse I mit denen von Masse II zeigt, findet bei der ersteren schon bei 20°C ein merkbarer Umsatz statt, während er im zweiten Fall auch bei 30°C nur sehr gering ist. Es erscheint bemerkenswert, daß ein derartig wesentlicher Unterschied schon durch die verhältnismäßig geringen Konzentrationsunterschiede beider Massen hervorgerufen wird.

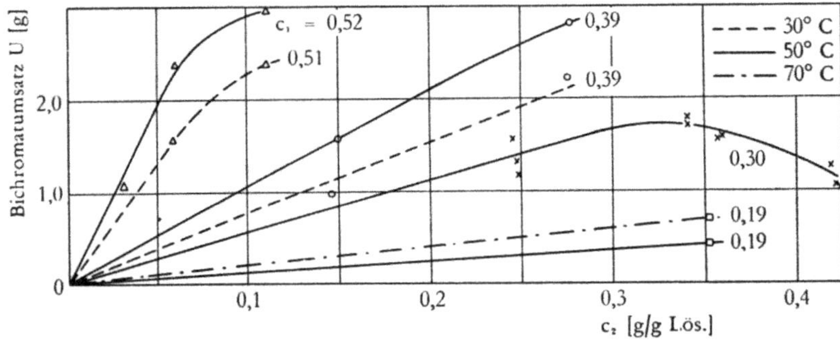

Abb. 5 Absoluter Bichromatumsatz nach zwei Stunden als Funktion der Bichromatkonzentration für verschiedene H_2SO_4-Konzentrationen

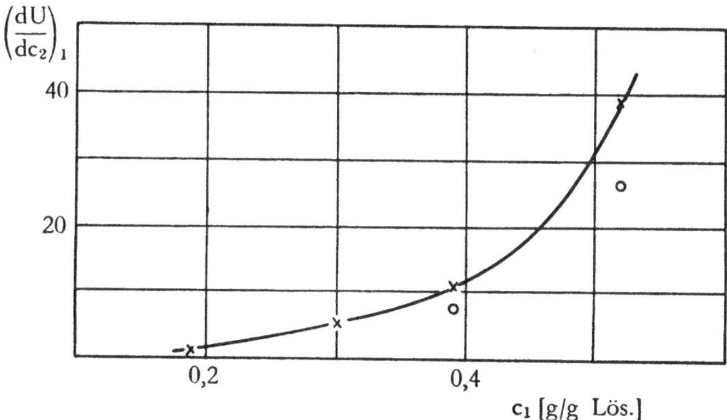

Abb. 6 Abhängigkeit der Umsatzzunahme mit Steigerung der Bichromatkonzentration von der Schwefelsäurekonzentration im linearen Bereich $\left(\dfrac{dU}{dc_2}\right)_{linear}$

o = 30° C   x = 50° C

Tab. 5   Umsatzwerte bei den Versuchen an Reinigungsmassen

Versuchs-Nr.	Ausgangskonzentration [g/g]*		Tempe-ratur °C	$Na_2Cr_2O_7$ [g]		Gesamt-säure [g]	CO_2 [g]
	H_2SO_4	$Na_2Cr_2O_7$		ein-gebracht	um-gesetzt		
			Masse I				
69	0,252	0,303	50	7,95	1,49	0,338	0,244
70	0,252	0,303	30	7,95	0,90	0,166	0,083
73	0,252	0,303	20	7,95	0,48	0,097	0,043
			Masse II				
72	0,230	0,211	50	6,20	0,24	0,028	0,011
71	0,230	0,211	30	6,20	0,13	–	–

* Die Konzentration bezieht sich nur auf die in der Kieselgur aufgesaugte Lösung.

Die im Gas gefundene Gesamtsäure liegt bei allen Versuchen z. T. erheblich höher als das CO_2. Dabei ist aber zu berücksichtigen, daß vor allem die Gesamtsäuretitration mit einem recht erheblichen Fehler verbunden ist, und zwar dürften die angegebenen Zahlenwerte im Durchschnitt höher liegen, als es dem tatsächlichen Wert entspricht. Die Differenz zwischen Gesamtsäure und Kohlendioxyd muß den gasförmig vorliegenden Essigsäuregehalt wiedergeben. Bei Bewertung der Zahlen ist weiter zu berücksichtigen, daß ein erheblicher Anteil der Essigsäure und auch des entstandenen CO_2 noch in der Lösung zurückgehalten und somit bei der Analyse nicht erfaßt wird.
Ein Vergleich der Zahlen für das gebildete CO_2 mit den Werten für den Bichromatumsatz zeigt, daß bei 50° C sowohl bei der niedrigsten Säurekonzentration

19

und der höchsten Bichromatkonzentration als auch umgekehrt bei der höchsten Säurekonzentration und der niedrigsten Bichromatkonzentration der größte Teil des verbrauchten Bichromatsauerstoffes zur Oxydation des Acetylens zu CO_2 dient. Bei mittleren Säure- und Bichromatkonzentrationen dagegen ist der Anteil an Essigsäure offensichtlich relativ groß. Im ersteren Fall werden ca. 80% des Bichromatsauerstoffes, im letzteren nur etwa 40–60% zur CO_2-Bildung verbraucht. Eine Erniedrigung der Temperatur auf 30°C bewirkt durchweg eine geringere CO_2-Bildung.

Bei der Umsetzung an der Masse I liegt bei 50°C die CO_2-Bildung vergleichsweise hoch gegenüber den Versuchen an den Lösungen, während sie bei 30°C etwa den Ergebnissen der Lösungen nahe kommt. Die verhältnismäßig geringfügige Erniedrigung der Säure- und Bichromatkonzentration in der Masse II bewirkt ein Zurückgehen des gebildeten CO_2-Anteiles auf die Hälfte.

b) Umsatzversuche mit strömendem Acetylen

Bei den Versuchen mit strömendem Acetylen wurde nach bestimmten Zeiten aus der Lösung eine Probe entnommen und ihre Konzentration am Chromat titrimetrisch festgestellt. Die Versuche wurden normalerweise bei 50°C durchgeführt und eine konstante Strömungsgeschwindigkeit des Acetylens von 350 ml/min eingehalten.

Die Versuche wiesen trotz Einhalten konstanter Bedingungen z. T. recht erhebliche Schwankungen auf. Das lag vor allem daran, daß das Gas durch die Flüssigkeit in feinen Blasen hindurchperlte, wobei die Schaumhöhe über der Flüssigkeit z. T. durch zufällige Faktoren bei den einzelnen Versuchen große Unterschiede aufwies. Dadurch änderte sich aber die freie Oberfläche zwischen Gas und Flüssigkeit, die offensichtlich einen großen Einfluß auf die Geschwindigkeit der Reaktion hat.

Eine weitere Störung des Versuchsablaufes ergab sich dadurch, daß vom Acetylen nicht nur die Reaktionsprodukte der Oxydation, sondern auch Wasser aus der Säure mitgenommen wurden. Das bedingte aber eine laufende Erhöhung der Säurekonzentration, die der Erniedrigung durch den Umsatz entgegenwirkte. Dieser Effekt machte sich dadurch bemerkbar, daß bei langen Versuchszeiten (über mehrere Stunden) die Abnahme der Chromatkonzentration praktisch zum Stillstand kam und daß unter Umständen sogar wieder eine Zunahme der Konzentration erfolgte.

In der Tab. 6 sind eine Reihe der erhaltenen Versuchsergebnisse wiedergegeben. Dabei ist in der letzten Spalte die effektiv beobachtete Abnahme der Chromatkonzentration in % der Ausgangskonzentration angeführt. Die tatsächliche Abnahme der Konzentration infolge der Reaktion muß natürlich aus dem im vorhergehenden Abschnitt angeführten Grund höher liegen als die angegebenen Werte.

Die Tabelle läßt aber als Ergänzung zu den schon geschilderten Versuchen erkennen, daß bei niedrigen Säurekonzentrationen die Reaktionsgeschwindigkeit zwischen dem Acetylen und dem Bichromat gering ist, auch wenn die Bichromatkonzentration verhältnismäßig hoch liegt. Die Erhöhung der Säurekonzentration bewirkt eine wesentliche Beschleunigung der Reaktion, wobei dann auch eine Steigerung der Bichromatkonzentration zur merkbaren Reaktionsbeschleunigung führt.

Tab. 6   Abnahme der $Na_2Cr_2O_7$-Konzentration beim Durchleiten von C_2H_2 durch Chromschwefelsäure (t = 50°C)

Versuchs-Nr.	Konzentration (g/ml)		Abnahme der Chromat-konzentration [%]
	H_2SO_4	$Na_2Cr_2O_7$	
39	0,348	0,741	–
34	0,380	0,306	–
33	0,394	0,482	2,5
32	0,373	0,705	1,5
30	0,364	0,915	2,1
31	0,384	0,954	2,2
36	0,471	0,376	2,4
38	0,456	0,740	7,6
37	0,543	0,379	7,7
35	0,605	0,372	16,6

Unter den gleichen Versuchsbedingungen wurden auch Versuche an Lösungen durchgeführt, denen von vornherein Chromisulfat bzw. Eisensulfat und Essigsäure zugesetzt waren. Keiner dieser Zusätze bewirkte eine deutliche Erhöhung des Chromatverbrauches. Es ist somit nicht damit zu rechnen, daß die bei der Reaktion entstehenden Reaktionsprodukte (Chromisalz, Essigsäure) oder eventuell als Verunreinigungen eingeschleppte Eisensalze eine katalytische Beschleunigung der Reaktion des Acetylens mit der Chromschwefelsäure bedingen.

c) Einfluß der Reaktion auf die technischen Bedingungen bei der Reinigung von Acetylen mit chromschwefelsäurehaltigen Massen

Bei der Beurteilung der Frage, ob und in welcher Weise eine eventuelle Reaktion des Acetylens mit der Reinigungsmasse sich störend auswirkt, sind vor allem vier verschiedene Gesichtspunkte zu beachten:

1. Durch die Reaktion kann Acetylen verbraucht werden. Das bedeutet eine Verminderung der Ausbeute.

2. Bei der Reaktion entstehen gasförmige Produkte, die zu Störungen bei der Weiterverarbeitung, z. B. beim Abfüllen des Acetylens, führen. Als solche kommen vor allem Kohlendioxyd und Essigsäure in Frage.

3. Durch die Reaktion des Acetylens mit der Reinigungsmasse wird die Reinigungsmasse schneller verbraucht und muß daher häufiger ausgewechselt werden. Damit ergibt sich neben erhöhten Kosten für die Reinigungsmasse ein zusätzlicher Arbeitsaufwand.

4. Wenn die Reaktion des Acetylens mit der Reinigungsmasse ein bestimmtes
   Ausmaß überschritten hat, kann eine so starke Erhitzung der Reinigungsmasse
   stattfinden, daß es zu einer weiteren Beschleunigung der Reaktion kommt.
   Es ist dann mit einem sich laufend steigernden Acetylenumsatz zu rechnen.
   Die störenden Produkte im Acetylen nehmen einen nicht mehr tragbares Maß
   an, und die Erhitzung des Reinigers bedeutet unter Umständen sogar eine
   Gefahr.

Was die erste Frage betrifft, so lassen sich schon gewisse Schlüsse aus den Zahlen-
werten der Tab. 3 und 5 ziehen. Gemäß den Gl. (3) und (4) ist der gemessene
Druckanstieg auf die Bildung von CO_2 zurückzuführen und muß in erster
Näherung dem dabei umgesetzten Acetylenvolumen entsprechen. Zusätzlich
kommt ein weiterer Acetylenumsatz zur Essigsäure hinzu, der nach Tab. 5 bei
den niedrigsten Temperaturen etwa gleich groß wie der Umsatz an Kohlendioxyd
ist.

Die Verweilzeit des Gases in einem Reiniger liegt in der Größenordnung von
1 min. Ein Druckanstieg von 0,6 mm Hg/min würde demnach einem Gesamtumsatz von $0,8^0/_{00}$ des durchgegebenen Acetylens pro Minute entsprechen. Es
ist also damit zu rechnen, daß ein Ausbeuteverlust an Acetylen zumindestens in
der Anfangsperiode in dieser Größenordnung stattfindet, so lange ein Reiniger
frisch angefahren wird.

Bei der Masse II hält sich auch bei einer verhältnismäßig hohen Temperatur
(50°C) der Umsatz noch in dieser Größenordnung. Dagegen nimmt er bei der
Masse I schon für 30°C etwa den dreifachen Wert an und liegt für 50°C bei etwa
0,5%. Daraus geht klar hervor, daß die Masse I wenigstens zu Beginn des Ein-
fahrens schon zu merkbaren Ausbeuteverlusten führen muß, wenn die Reinigungsmasse hohe Temperatur hat, wie z. B. im Hochsommer. Dagegen spielt
der Effekt des Ausbeuteverlustes bei der Masse II auf alle Fälle nur eine unter-
geordnete Rolle.

Parallel mit den Ausbeuteverlusten tritt eine entsprechende Verunreinigung des
Acetylens ein. Sie ist ganz analog abzuschätzen und führt auch zu Zahlen in der
gleichen Größenordnung. Bei Verweilzeiten von ca. 1 min ist nach den Zahlen
der Tab. 3 damit zu rechnen, daß nach Einfüllen einer frischen Reinigungsmasse
infolge der Bildung von gasförmigen Reaktionsprodukten aus Acetylen eine
zusätzliche Verunreinigung bei der Masse II in der Größenordnung von $1-2^0/_{00}$,
bei der Masse I aber bei 30°C schon von 0,5% auftritt.

Da die Reiniger nach einer neuen Beschickung mit Masse zunächst unter Durch-
gabe von Acetylen von Luft frei gespült werden müssen, was sicher mehrere
Minuten beansprucht, ist es natürlich durchaus möglich, daß diese anfängliche
Verunreinigung des Acetylens durch Kohlendioxyd- oder Essigsäuredampf nicht
ins Gewicht fällt, da die Reaktionsgeschwindigkeit der Masse mit dem Acetylen
verhältnismäßig bald abnimmt.

Nur beim Auftreten einer so heftigen Reaktion, daß es zu einer laufenden Temperatursteigerung der Masse kommt, wird mit einer länger dauernden Reaktion
zwischen Acetylen und Reinigungsmasse zu rechnen sein. Es kann dann zur
Bildung erheblicher Mengen von Kohlendioxyd kommen, die beim Abfüllen

in die Acetylenflaschen den Auflösevorgang des Acetylens im Aceton erheblich behindern. Außerdem treten dann auch solche Mengen an Essigsäuredampf auf, daß, auf längere Zeit gesehen, mit einer stärkeren Korrosion der Leitungen zu rechnen ist.

Während sich bei der Masse II auch nach einer zweistündigen Berührungszeit zwischen Acetylen und Aceton nur wenig Chromsäure umgesetzt hatte, ist der Umsatz bei der Masse I durchaus beachtlich und erreicht bei $30°C$ schon einen Wert von über 11%. Bei der Beurteilung der Zahlen der Masse II ist wieder zu berücksichtigen, daß in der ersten Viertelstunde die Reaktion am stärksten ist, so daß der weitere Verbrauch an Bichromat auch gegenüber dem in den ersten zwei Stunden beobachteten wesentlich zurückgegangen ist. Dagegen wird in der Masse I schon beim Einfahren ein solch erheblicher Anteil an Bichromat verbraucht, daß er ein öfteres Auswechseln dieser Masse erfordert.

Bei der Umsetzung von Acetylen gemäß Gl. (3) werden pro Mol umgesetztes Acetylen ca. 101,9 kcal frei[1]. Die Oxydation von Acetylen zu Kohlendioxyd und Wasser ergibt eine Wärmetönung von 310,6 kcal. Zusätzlich kommen noch gewisse Wärmebeträge für die Reduktion des Bichromates und die Aufnahme des gebildeten Wassers durch die Schwefelsäure hinzu, die aber gegenüber den angegebenen Wärmewerten zu vernachlässigen sind. Die bei der Reaktion umgesetzte Wärme wird in erster Linie dazu verbraucht, die Masse aufzuheizen. Die für die gleichzeitige Erwärmung des Gases erforderliche Energie spielt demgegenüber eine etwas geringere Rolle.

Aus der Zusammensetzung der Massen läßt sich die spezifische Wärme der Masse I zu 0,351 cal/$°C \cdot$ g und bei der Masse II zu 0,404 cal/$°C \cdot$ g berechnen. Werden die in der Tab. 5 angegebenen Umsatzzahlen an gasförmigen Reaktionsprodukten zugrunde gelegt, so errechnet sich unter Einsetzen der spezifischen Wärmen von Masse und Gas eine Temperatursteigerung nach zwei Stunden, wie sie in der Tab. 7 angegeben ist. Dabei ist die durchgegebene Gasmenge so eingesetzt, daß sie einer Verweilzeit des Gases von ca. 1 min entspricht (ca. 70 l C_2H_2/kg $\cdot$ h).

Bei der Berechnung sind Wärmeverluste durch Wärmeleitung nicht eingesetzt. Sie dürften bei einer lose geschütteten Masse auch nur gering sein. Es ist weiter zu beachten, daß die angenommenen Umsatzzahlen für das Acetylen eher zu niedrig als zu hoch sind, da nur die im Gasraum erfaßten Reaktionsprodukte berücksichtigt wurden.

Bei der Rechnung wurde weiter vorausgesetzt, daß die Umsetzung während der zwei Stunden gleichmäßig erfolgt. In Wirklichkeit ist zu Anfang mit einer stärkeren Wärmeentwicklung zu rechnen, die auch einen besonders steilen Temperaturanstieg zu Beginn bewirken muß.

Nach Tab. 7 ergibt sich, daß bei der Masse II mit einer verhältnismäßig geringfügigen Temperaturerhöhung zu rechnen ist. Die Masse I dagegen führt zu Endtemperaturen, bei denen die Reaktion zwischen Acetylen und Masse schon sehr heftig verlaufen muß.

---

[1] Vgl. H. STAUDE, Physik. Chem. Taschenbuch. Leipzig 1945, Bd. 2, S. 1122 ff.

Tab. 7 Berechnete Temperaturzunahme nach zwei Stunden

Masse	Ausgangs-temperatur [°C]	C_2H_2 umgesetzt (mMol) zu		Entwickelte Wärme [kcal]	Temperatur-zunahme Δt [°C]
		CO_2	CH_3COOH		
I	20	0,49	2,45	0,402	15,3
	30	0,94	3,77	0,676	25,7
	50	2,77	4,28	1,296	49,3
II	50	0,13	0,77	0,173	4,1

Die Umsatzsteigerung bei der Masse I gegenüber dem Umsatz an der Masse II beträgt für gleiche Ausgangstemperaturen etwa das Sechs- bis Siebenfache, während unter Zugrundelegung der an Lösungen beobachteten Konzentrationsabhängigkeit [s. Gl. (1) und (2)] nur etwa das 1,5- bis höchstens Zweifache zu erwarten gewesen wäre. Die abnorme Zunahme trotz der nicht sehr erheblichen Unterschiede in der Säurekonzentration zwischen beiden Massen dürfte sich nach den Werten von Tab. 7 vor allem dadurch erklären lassen, daß in der Masse I infolge der schlechten Wärmeleitfähigkeit der Massen schon eine beträchtliche Überhitzung über die Ausgangstemperatur stattgefunden hat. Die in den Tab. 3, 5 und 7 angegebenen Temperaturen stellen demnach nur die Ausgangstemperatur der Versuche und nicht die tatsächliche Temperatur im Innern der Masse dar.

Die Wärmeerzeugung in der Masse ist der Reaktionsgeschwindigkeit direkt proportional. Die letztere nimmt wiederum einerseits mit der Temperatur zu, andererseits infolge des laufenden Umsatzes mit der Zeit ab. Dabei kommt nicht nur der Umsatz mit dem Acetylen, sondern auch die Reaktion mit den Verunreinigungen im Acetylen in Frage. Im Laufe der Zeit wird es in der Masse zu einer dauernden Temperatursteigerung kommen, wenn die Abnahme der Reaktionsgeschwindigkeit durch den laufenden Verbrauch der reagierenden Bestandteile in der Masse die Erhöhung der Reaktionsgeschwindigkeit durch die Temperaturzunahme nicht kompensiert.

Offensichtlich tritt eine solche Kompensation bei der Masse II ein, da hier selbst bei der hohen Ausgangstemperatur von 50°C die Temperaturzunahme noch sehr gering bleibt, während bei der Masse I infolge der höheren Ausgangskonzentrationen schon bei niedriger Temperatur eine ins Gewicht fallende Temperaturzunahme festzustellen ist.

Dabei ist gemäß den Ergebnissen an den Lösungen der Hauptanteil für die Beschleunigung der Reaktion der Schwefelsäurekonzentration zuzuschreiben, während die Bichromatkonzentration sich nicht so stark auswirkt. Natürlich ist von vornherein ein bestimmtes stöchiometrisches Verhältnis zwischen Bichromat und Schwefelsäure in den Massen einzuhalten, wenn die oxydierende Wirkung des Bichromates vollständig ausgenützt werden soll.

Hat erst einmal eine stärkere Reaktion zwischen Acetylen und Masse eingesetzt, und ist es dabei zu einer erheblichen Temperatursteigerung gekommen, so besteht gemäß den im Abschnitt II, b beschriebenen Vorgängen im strömenden Gas die zusätzliche Gefahr, daß durch Wegführen der Reaktionsprodukte (Wasser, Essigsäure) die Abnahme der Säure- und Bichromatkonzentration wesentlich verlangsamt wird. Die Reaktion wird sich dann auch über einen größeren Zeitabschnitt auf höherer Geschwindigkeit halten und der Temperaturanstieg sich besonders stark bemerkbar machen können.

III. Zusammenfassung

Es wurde die Reaktion zwischen Acetylen und Chromschwefelsäure durch Bestimmung des Chromatumsatzes sowie der Druckzunahme und der bei der Umsetzung auftretenden Kohlensäure und Essigsäure beobachtet. Als wesentliche Reaktionsprodukte treten nur Essigsäure und Kohlendioxyd auf.

Die CO_2-Abgabe aus den Lösungen unterliegt einer merkbaren Verzögerung. Sie hängt im weiteren Verlauf der Reaktion zunächst näherungsweise linear von der Zeit, von der Wurzel aus der Bichromatkonzentration und vom Quadrat der Schwefelsäurekonzentration (in g/g Lösung) ab. Die CO_2-Abgabe aus Chromschwefelsäurelösungen, die in Kieselgur aufgesaugt sind, beträgt anfänglich ca. das Drei- bzw. Siebenfache gegenüber den normalen Lösungen. Diese große Steigerung der CO_2-Abgabe ist einmal durch die viel größere Oberfläche in der Masse zu erklären. Darüber hinaus kommt es im Innern der schlecht wärmeleitenden Masse schon zu einer merkbaren Temperatursteigerung. Nach fortgeschrittener Reaktion flacht die Umsatz-Zeit-Kurve stark ab, besonders bei der Reaktion an den Massen.

Der beobachtete Gesamtumsatz an Bichromat in den Lösungsversuchen nach zweistündiger Versuchsdauer hängt bei nicht zu großen Bichromatkonzentrationen näherungsweise linear von dieser Konzentration ab. Bei höheren Konzentrationen erfolgt ein Abflachen der Umsatzkurven, die unter Umständen ein Maximum durchlaufen. Die Abhängigkeit von der Schwefelsäurekonzentration ist stärker als linear, besonders bei Konzentrationen über 0,4 g/g Lösung.

Erhöhung der Temperatur von 30°C auf 50°C bewirkt eine Zunahme des Umsatzes von 30%, eine Steigerung der Temperatur von 50°C auf 70°C sogar eine solche von 65%.

Der an Massen beobachtete Umsatz liegt wieder beträchtlich höher als der in den normalen Lösungen bei gleicher Konzentration. Während eine Masse, die durch Aufsaugen einer Säure mit 0,252 g H_2SO_4 und 0,303 g $Na_2Cr_2O_7$/g Lösung hergestellt war, bei 20°C noch einen deutlichen Umsatz aufwies, war die Reaktion einer anderen Masse bei einer Säurekonzentration von 0,230 g H_2SO_4 und 0,211 g $Na_2Cr_2O_7$/g Lösung auch bei 50°C nur sehr gering.

Versuche bei strömendem Acetylen an Chromschwefelsäurelösungen mit verschiedenen Zusätzen ergaben, daß Chromisalze, Essigsäure und Ferrisalze keinen beschleunigenden Einfluß ausüben.

Es wurden weiterhin die Auswirkungen diskutiert, die eine eventuelle Reaktion des Acetylens mit der Reinigungsmasse auf den technischen Reinigungsprozeß ausübt. Dabei wurden die Ausbeuteverluste an Acetylen, die Verunreinigungen des Acetylens durch Reaktionsprodukte, der erhöhte Verbrauch an Masse sowie die Möglichkeit einer übermäßigen Temperatursteigerung in der Masse in Betracht gezogen.

Dr. phil. habil. Paul Hölemann
Ing. Rolf Hasselmann

FORSCHUNGSBERICHTE
DES LANDES NORDRHEIN-WESTFALEN

Herausgegeben im Auftrage des Ministerpräsidenten Dr. Franz Meyers
von Staatssekretär Prof. Dr. h. c. Dr.-Ing. E. h. Leo Brandt

AZETYLEN · SCHWEISSTECHNIK

HEFT 14
Forschungsstelle für Azetylen, Dortmund
Untersuchungen über Azeton als Lösungsmittel
für Azetylen
1952, 64 Seiten, 10 Abb., 26 Tabellen, DM 12,25

HEFT 38
Forschungsstelle für Azetylen, Dortmund
Untersuchungen über die Trocknung von Azetylen
zur Herstellung von Dissousgas
1953, 36 Seiten, 11 Abb., 3 Tabellen, DM 6,80

HEFT 52
Forschungsstelle für Azetylen, Dortmund
Untersuchungen über den Umsatz bei der explosiblen Zersetzung von Azetylen
a) Zersetzung von gasförmigem Azetylen
b) Zersetzung von an Silikagel absorbiertem
Azetylen
1954, 48 Seiten, 8 Abb., 10 Tabellen, DM 9,25

HEFT 78
Forschungsstelle für Azetylen, Dortmund
Über die Zustandsgleichung des gasförmigen
Azetylens und das Gleichgewicht Azetylen—Azeton
1954, 42 Seiten, 3 Abb., 8 Tabellen, DM 8,—

HEFT 102
Dr. P. Hölemann, Ing. R. Hasselmann und
Ing. G. Dix, Dortmund
Untersuchungen über die thermische Zündung von
explosiblen Azetylenzersetzungen in Kapillaren
1954, 44 Seiten, 5 Abb., 4 Tabellen, DM 8,60

HEFT 104
Prof. Dr. W. Weizel, Bonn
Über den Einfluß der Elektroden auf die Eigen-
schaften von Cadmium-Sulfid-Widerstands-Photo-
zellen
1955, 48 Seiten, 12 Abb., DM 9,45

HEFT 109
Dr. P. Hölemann und Ing. R. Hasselmann, Dortmund
Untersuchungen über die Löslichkeit von Azetylen
in verschiedenen organischen Lösungsmitteln
1954, 42 Seiten, 10 Abb., 8 Tabellen, DM 8,30

HEFT 110
Dr. P. Hölemann und Ing. R. Hasselmann, Dortmund
Untersuchungen über den Druckverlauf bei der
explosiblen Zersetzung von gasförmigem Azetylen
1955, 54 Seiten, 10 Abb., 5 Tabellen, DM 11,—

HEFT 120
Dipl.-Ing. A. Weisbecker, Lüdenscheid
Über Anfressung an Reinstaluminium-Schweiß-
nähten bei der elektrolytischen Oxydation
Gebr. Hörstermann GmbH, Velbert
Entwicklung und Erprobung eines neuartigen
Gummibandförderers
1955, 46 Seiten, 18 Abb., DM 9,70

HEFT 138
Dr. P. Hölemann und Ing. R. Hasselmann, Dortmund
Untersuchungen über die Zersetzungswärme von
gasförmigem und in Azeton gelöstem Azetylen
1955, 54 Seiten, 8 Abb., 7 Tabellen, DM 10,40

HEFT 170
Prof. Dr. F. Wever, Dr. A. Rose und
Dipl.-Ing. L. Rademacher, Düsseldorf
Anwendung der Umwandlungsschaubilder auf
Fragen der Werkstoffauswahl beim Schweißen und
Flammhärten
1955, 64 Seiten, 25 Abb., DM 13,70

HEFT 206
Dr. P. Hölemann, Ing. R. Hasselmann und
Ing. G. Dix, Dortmund
Untersuchungen über die Vorgänge bei der Zer-
setzung von in Azeton gelöstem Azetylen
1956, 74 Seiten, 8 Abb., 7 Tabellen, DM 15,55

HEFT 274
Prof. Dr.-Ing. habil. K. Krekeler und
Dipl.-Ing. H. Verhoeven, Aachen
Qualitative Untersuchungen bei Verbindungs-
schweißungen mittels Lichtbogenschweißautoma-
ten unter Verwendung von Blankdraht und Zugabe
von ferromagnetischem Pulver als Umhüllung
1956, 68 Seiten, 40 Abb., 8 Tabellen, DM 15,45

HEFT 275
Prof. Dr.-Ing. habil. K. Krekeler und
Dipl.-Ing. H. Verhoeven, Aachen
Quantitative Untersuchungen von Punktschweiß-
verbindungen an Tiefzieh- und Aluminiumblechen,
die nach dem Argonarc-Punktschweißverfahren
hergestellt werden
1956, 64 Seiten, 45 Abb., DM 14,60

HEFT 305
Prof. Dr.-Ing. habil. K. Krekeler, Dr.-Ing. H. Peukert,
Aachen, und Dipl.-Ing. W. Schmitz, Siegburg
Heißgas-Schweißung von Hart-Polyvinylchlorid
mit Zusatzwerkstoff
1956, 44 Seiten, 27 Abb., 5 Tabellen, DM 12,50

HEFT 328
Dr. H. Maeder, Belo Horizonte
Schweißen von Temperguß
1957, 92 Seiten, 59 Abb., 42 Tabellen, DM 25,50

HEFT 355
Prof. Dr.-Ing. habil. K. Krekeler, Dr.-Ing. H. Peukert
und Dipl.-Ing. A. Kleine-Albers, Aachen
Untersuchungen auf dem Gebiet der Schweißung
von Kunststoffen
Ein Beitrag zur Heißgas-Schweißung von Weich-
Polyvinylchlorid mit Zusatzwerkstoff
1957, 44 Seiten, 19 Abb., DM 11,—

HEFT 382
Dr. phil. habil. P. Hölemann, Ing. R. Hasselmann und
Ing. G. Dix, Dortmund
Die Messung von Flammen und Detonationsge-
schwindigkeiten bei der explosiven Zersetzung von
Azetylen in Rohren
1957, 36 Seiten, 7 Abb., 4 Tabellen, DM 8,10

HEFT 383
Dr. phil. habil. P. Hölemann und Ing. R. Hasselmann,
Dortmund
Verlauf von Azetylenexplosionen in Rohren bei
Gegenwart von porösen Massen
1957, 68 Seiten, 10 Abb., 15 Tabellen, DM 16,60

HEFT 438
Prof. Dr.-Ing. H. Winterhager und Dr.-Ing. L. Werner,
Aachen
Bestimmung des elektrischen Leitvermögens ge-
schmolzener Fluoride
1957, 52 Seiten, 18 Abb., 10 Tabellen, DM 11,90

HEFT 464
Dr. phil. habil. P. Hölemann und Ing. R. Hasselmann,
Dortmund
Die Möglichkeit der Zündung von Azetylen in
Rohrleitungen beim Ausblasen mit Stickstoff
1957, 38 Seiten, 6 Abb., 6 Tabellen, DM 9,20

HEFT 526
Dr. phil. habil. P. Hölemann und Ing. R. Hasselmann,
Dortmund
Einfluß der Oberflächenbeschaffenheit der Wan-
dung auf den Ablauf von Azetylenexplosionen
1958, 48 Seiten, 8 Abb., 10 Tabellen, DM 14,50

HEFT 531
Prof. Dr.-Ing. habil. K. Krekeler,
Dipl.-Ing. H. Verhoeven und
Dipl.-Ing. H. Ernenputsch, Aachen
Autogenes Entspannen bei niedrigen Temperaturen
1958, 48 Seiten, 17 Abb., DM 14,80

HEFT 532
Prof. Dr.-Ing. habil. K. Krekeler,
Dipl.-Ing. H. Verhoeven und
Dipl.-Ing. W. Krieneth, Aachen
Schutzgasschweißen mit kontinuierlich abschmel-
zender Elektrode von niedriglegierten Kohlenstoff-
stählen (Sigma-Schweißen)
1958, 50 Seiten, 30 Abb., DM 16,—

HEFT 569
Dr. phil. habil. P. Hölemann, Ing. R. Hasselmann und
J. Strootmann, Düsseldorf
Azetylenverluste an Naßentwicklern
1958, 26 Seiten, 4 Abb., 9 Tabellen, DM 9,65

HEFT 690
Dr. phil. habil. P. Hölemann, Ing. R. Hasselmann und
J. Strootmann, Dortmund
Die Zersetzung von gasförmigem Azetylen und
Azetylen-Azeton-Lösungen bei Gegenwart von
porösen Materialien
1959, 58 Seiten, 6 Abb., 10 Tabellen, DM 15,20

HEFT 692
Prof. Dr.-Ing. habil. K. Krekeler und
Dipl.-Ing. H. Verhoeven, Aachen
Untersuchungen zum Schweißen von Titan
(Wolfram-Inert-Schweißen)
1959, 51 Seiten, 29 Abb., DM 15,20

HEFT 723
Dr. phil. habil. P. Hölemann und
Ing. R. Hasselmann, Düsseldorf-Reisholz
Die Abhängigkeit des Volumens gesättigter
Azetylen-Azeton-Lösungen von Temperatur und
Konzentration
1959, 22 Seiten, 5 Abb., 3 Tabellen, DM 6,90

HEFT 739
Dr. phil. habil. P. Hölemann und
Ing. R. Hasselmann, Düsseldorf-Reisholz
Die Anreicherung von Phosphor- und Schwefel-
verunreinigungen in Azetylen-Flaschen
1959, 26 Seiten, 5 Abb., 9 Tabellen, DM 7,90

HEFT 765
Dr. phil. habil. P. Hölemann und
Ing. R. Hasselmann, Dortmund
Die Beeinflussung der Löslichkeit von Azetylen in
Azeton durch Phosphorwasserstoff und Divinyl-
sulfid
1959, 20 Seiten, 7 Abb., 3 Tabellen, DM 6,60

HEFT 778
Dr. phil. M. Gnielinski, Aachen
Zur Einführung der Statistischen Qualitätskontrolle
in Mittel- und Kleinbetrieben, Vorschläge und
Hilfsmittel
1959, 36 Seiten, DM 10,—

HEFT 791
Dr. phil. habil. P. Hölemann, Dortmund
Über den Mechanismus der Azetylendesorption aus
wäßrigen Lösungen
1959, 28 Seiten, 5 Abb., mehr. Tab., DM 8,50

HEFT 792
Dr. phil. habil. P. Hölemann, Dortmund
Bestimmung des Dampfdruckes und der Ver-
dampfungswärme von flüssigem Azetylen
1959, 19 Seiten, DM 6,70

HEFT 883
Dr. phil. habil. P. Hölemann, Düsseldorf
Über die Zündung von reinem Azetylen durch
Stoßwellen
1960, 37 Seiten, 14 Abb., 11 Tabellen, DM 11,20

HEFT 888
Dr. phil. habil. P. Hölemann, Dortmund
Über den Kalkstaubgehalt im Azetylen aus
Naßentwicklern
1960, 21 Seiten, 5 Abb., 3 Tabellen, DM 7,20

HEFT 984
*Dr. phil. habil. P. Hölemann und Ing. R. Hasselmann,
Forschungsstelle für Azetylen, Dortmund und Düssel-
dorf-Reisholz*
Die Druckabhängigkeit der Zündgrenzen von
Azetylen-Sauerstoffgemischen
1961, 18 Seiten, 5 Abb., DM 6,60

HEFT 1045
*Dr. phil. habil. P. Hölemann, Forschungsstelle für
Azetylen, Dortmund*
Untersuchungen über das System Azetylen-Wasser
1961, 36 Seiten, 5 Abb. 8 Tab. DM 12,90

HEFT 1099
*Dr. phil. habil. P. Hölemann, Ing. R. Hasselmann,
Forschungsstelle für Azetylen, Dortmund*
Über die Reaktion von Azetylen mit den Bestand-
teilen von Trockenreinigungsmassen
In Vorbereitung

Ein Gesamtverzeichnis der Forschungsberichte, die folgende Gebiete umfassen, kann bei Bedarf vom
Verlag angefordert werden:
Azetylen / Schweißtechnik - Arbeitswissenschaft - Bau / Steine / Erden - Bergbau - Biologie - Chemie - Eisen-
verarbeitende Industrie - Elektrotechnik / Optik - Fahrzeugbau / Gasmotoren - Farbe / Papier / Photographie -
Fertigung - Funktechnik / Astronomie - Gaswirtschaft - Hüttenwesen / Werkstoffkunde - Kunststoffe - Luftfahrt /
Flugwissenschaften - Maschinenbau - Medizin / Pharmakologie / NE-Metalle - Physik - Schall / Ultraschall -
Schiffahrt - Textiltechnik / Faserforschung / Wäschereiforschung - Turbinen - Verkehr - Wirtschaftswissenschaft.

WESTDEUTSCHER VERLAG · KÖLN UND OPLADEN
567 Opladen/Rhld., Ophovener Straße 1-3

GPSR Compliance
The European Union's (EU) General Product Safety Regulation (GPSR) is a set
of rules that requires consumer products to be safe and our obligations to
ensure this.

If you have any concerns about our products, you can contact us on

ProductSafety@springernature.com

In case Publisher is established outside the EU, the EU authorized
representative is:

Springer Nature Customer Service Center GmbH
Europaplatz 3
69115 Heidelberg, Germany